NAVIGATION INTÉRIEURE

NOTE

SUR UN PROJET DE BARRAGE RÉGULATEUR

APPLICABLE

AUX DÉVERSOIRS ET AUX PERTUIS NAVIGABLES

PAR T. CARRO

Ingénieur des Ponts et Chaussées

MEAUX

IMPRIMERIE TYPOGRAPHIQUE JULES CARRO

1870

NAVIGATION INTÉRIEURE

NOTE

SUR UN PROJET DE BARRAGE RÉGULATEUR

APPLICABLE

AUX DÉVERSOIRS ET AUX PERTUIS NAVIGABLES

I

AVANT-PROPOS

La question de l'amélioration de la navigation intérieure est en ce moment à l'ordre du jour et attire l'attention de toutes les personnes qui prennent intérêt au développement du commerce et de l'industrie, c'est-à-dire du bien-être général. Nous n'en voulons pour preuve que les efforts qui ont été tentés depuis quelques années pour perfectionner les ouvrages destinés à résoudre cette question dans les meilleures conditions techniques et financières possibles. L'engouement qu'avaient excité les chemins de fer à leur apparition a fait place à un plus sain discernement du rôle que, dans la circulation générale, doivent remplir les différentes voies de communication. L'expérience a bientôt fait reconnaître que pour le transport des matières lourdes et encombrantes qui ne réclament pas une grande célérité, les chemins de fer, en abaissant leur tarif jusqu'à la limite des frais d'exploitation, ne pourraient entrer en

II

DESCRIPTION ET APPLICATIONS DIVERSES DU SYSTÈME PROPOSÉ

PRINCIPE DU SYSTÈME. — L'appareil de fermeture des pertuis navigables, composé de vannes à bascule et appliqué depuis un certain nombre d'années sur la Seine et sur la Marne, a été l'objet d'appréciations diverses. Quelques difficultés de détails comme on en rencontre dans l'application de la plupart des innovations, difficultés indépendantes du principe même du système, ont soulevé contre celui-ci des critiques qui ne semblent pas porter atteinte à la justesse de ce principe. Elles ont disparu depuis, et les agents qui étaient quelquefois surpris par des ouvertures spontanées et intempestives des appareils mobiles, sont aujourd'hui maîtres de leurs retenues.

Mais, tout en présentant plusieurs avantages sur les anciens mécanismes (portes-à-bateaux, barres tournantes soutenant des aiguilles, etc.), cet appareil appelle encore des progrès dans cette partie des constructions hydrauliques. Nous avons été frappé de la différence qui existe entre le temps et les efforts qu'exige son application, et la manœuvre si simple et si rapidement effectuée en quelques tours de clef des hausses mobiles de l'ingénieux système de déversoir de M. l'Inspecteur-général Desfontaines.

La manœuvre longue et quelquefois dangereuse des anciens appareils exigeait le déploiement d'une force humaine considérable, tandis que dans l'emplacement même des barrages une force hydraulique d'une grande puissance se dépensait non pas seulement en pure perte, mais encore de manière à augmenter les difficultés de cette manœuvre. C'était donc une idée féconde que de chercher à maîtriser cette force brutale, à l'assouplir et à la transformer en un moteur intelligent, exécutant lui-même le relèvement ou l'abaissement de la partie mobile des barrages.

Ce point de départ établi par M. Desfontaines qui en a le premier résolu le programme d'une manière pratique, devait ouvrir un nouvel horizon aux recherches concernant la question si importante de l'amélioration des rivières et de la navigation intérieure.

La hauteur des hausses mobiles du système de M. Desfontaines est assez limitée : dans les applications déjà nombreuses qui en ont été faites aux barrages de la Marne, cette hauteur a été portée à 1 mètre, excepté au barrage de Joinville où elle atteint 1m10. Il est même à espérer qu'elle pourra s'élever à 1m40. Bien qu'il soit difficile de lui assigner une limite maxima, l'inventeur considérait comme peu probable qu'elle pût notablement dépasser la dimension primitivement adoptée.

L'application des hausses mobiles des déversoirs de la Marne, qui ont à si juste titre attiré l'attention des ingénieurs, ne nous paraît pas susceptible de s'étendre pratiquement à la fermeture des passes navigables qui atteignent comme aux pertuis de cette rivière, environ 3 mètres de hauteur. On conçoit, en effet, que la contre-hausse obligée de s'allonger dans le sens vertical, en même temps que la hausse, doit plonger de plus en plus dans la retenue d'aval, et qu'alors les difficultés d'exécution et de conservation des appareils doivent croître suivant une progression beaucoup plus rapide que la hauteur d'eau à soutenir.

L'appareil qui fait l'objet de cette étude pourrait, croyons-nous, s'appliquer à des hauteurs très-variables dont le maximum dépasserait même notablement la limite précédente.

Dans le cas où, comme il y a lieu de le supposer, l'expérience confirmerait les prévisions théoriques, ce système réaliserait le programme d'un barrage régulateur dont les variations de hauteur suivraient en sens inverse celles des crues de la rivière.

Réduit à la plus grande simplicité de son principe, l'appareil que nous proposons comprend (*fig.* 1 *et* 2), un système de deux vannes réunies à leur sommet par des charnières et qui, s'appuyant sur des essieux en bois terminés par des tourillons munis de galets, roulent sur des rails de chemin de fer disposés parallèlement au fil de l'eau. Des bielles adaptées par une articulation à la vanne d'aval en un point situé au-dessous de son milieu, viennent s'attacher par une seconde articulation à des points fixes distribués sur une ligne droite transversale au courant, et parallèle à la crête du barrage. Une enclave ou chambre de 0^m50 à 0^m60 de profondeur se trouve ménagée sous les vannes.

Lorsque ces dernières sont levées de manière à former barrage, elles offrent dans leur ensemble l'aspect d'un triangle isocèle (*fig.* 1), dont le sommet représente la crête du déversoir. Pour faire disparaître l'obstacle qu'elles opposent au courant, on les fait glisser ou plutôt rouler en sens contraire l'une de l'autre, de telle sorte qu'elles viennent se projeter sur le radier en ne formant plus, pour ainsi dire, qu'un plancher recouvrant celui-ci. On peut encore considérer les deux vannes comme n'en constituant qu'une seule, articulée en son milieu par une brisure qui joue sous la pression de l'eau lors des manœuvres du barrage.

Si l'on considère les deux vannes dans la dernière position examinée, et si l'on suppose que par un système particulier de ventelles dont nous parlerons plus loin, on mette en communication avec le bief d'amont la chambre qu'elles recouvrent, l'eau introduite exercera en vertu de la dénivellation qui existe de l'amont à l'aval, une sous-pression représentée par cette dénivellation, ou plus exactement encore par la force vive du courant. La vanne d'amont aura sa face inférieure, au moins autant pressée que sa face supérieure. Quant à la vanne d'aval, elle subira nécessairement une sous-pression qui l'obligera de se lever, de telle sorte que les bielles tournant autour des articulations qui les terminent, l'essieu de cette vanne arrondi sur une partie de son contour, se meuve en affleurant le plan horizontal du radier. La rotation s'accomplira jusqu'à ce qu'il y ait équilibre entre la pression d'eau qui sollicite la vanne et les réactions des bielles et des rails sur lesquels roulent les galets dont sont munies les extrémités de cet essieu.

Pour effectuer l'opération inverse, il suffira d'interrompre la communication de la chambre des vannes avec l'amont et de la mettre en relation avec le bief d'aval. L'eau contenue dans cet espace et excédant le niveau inférieur s'écoulera; la sous-pression dont est chargée la vanne d'aval devra par suite disparaître, tandis que d'un autre côté, l'équilibre dans lequel se trouvait celle d'amont sera détruit; le moment de la force supérieure projettera sur le radier cette dernière, qui dans son mouvement entraînera sa conjuguée d'aval, en la faisant rouler sur la voie de fer. Tel est le principe de l'appareil proposé, au sujet duquel nous allons entrer dans quelques détails.

La description précédente montre que la vanne d'amont n'oppose aucune résistance au soulèvement de cet appareil, puisqu'elle est en équilibre, sinon même soumise à un léger effort de soulèvement, dû à la pente de l'eau entre l'origine de l'aqueduc alimentaire et l'orifice de communication. Il est même à remarquer que lorsque l'appareil fonctionne à pleine charge, cette vanne d'amont ne joue qu'un rôle passif et que son influence ne se fait sentir qu'au moment de l'abaissement partiel ou complet du système.

Si l'on suppose cet appareil entièrement couché sur le radier, la vanne d'amont s'oppose au redressement spontané de la vanne d'aval qui, par l'effet de la position de son axe de rotation au-dessous du milieu de sa longueur, céderait sans la présence de la première à l'action du courant (1).

Cette situation de l'axe par rapport au milieu de la vanne explique le mouvement de relèvement de celle-ci, lorsqu'elle est sous l'influence de la sous-pression.

Soit, en effet, C (*fig.* 3), la position du centre de sous-pression sur la vanne d'aval, lequel correspond au milieu même de celle-ci, lorsqu'elle est complétement plongée sous l'eau. Si ce point C est en amont de l'articulation D

---

(1) Les vannes d'aval armées de leurs bielles et couchées sur le radier rappellent les vannes à bascule des barrages de la Seine et de la Marne. Elles en diffèrent cependant par ce caractère essentiel que c'est la plus longue des deux parties dans lesquelles les divise l'axe de basculement qui se rabat vers l'amont. Elles ne peuvent évidemment se maintenir dans cette position que sous la protection de leurs conjuguées d'amont qui les soustraient à l'influence de la sous-pression engendrée par le courant. Les bielles figurent ici les branches des chevalets sur lesquels s'appuient les vannes à bascule. Par la possibilité de faire varier dans certaines limites la position du centre de sous-pression et l'intensité de celle-ci, on règle à volonté le degré d'élévation des vannes au-dessus du radier.

La théorie de l'équilibre de cet appareil n'est autre, pour ainsi dire, que celle du cerf-volant qui, à la différence près de la nature du fluide, est fondée sur le même principe.

de la bielle, la force de sous-pression R se décomposera en deux autres forces parallèles, mais de sens contraire P et Q respectivement appliquées aux points D et B. La force P déterminera la rotation de la bielle autour du point K, tandis que la force Q, appuyant la culasse de la vanne sur son chemin de fer, obligera cette dernière à se redresser. C'est pour cette raison que, dans l'appareil des vannes à bascule appliquées aux pertuis de la Seine et de la Marne, il est indispensable, pour assurer leur stabilité lorsqu'elles sont couchées sur le radier, de placer leur axe de rotation en amont du milieu de leur longueur.

Nous avons donc choisi pour le point d'attache des bielles un point dont la position fût toujours inférieure à celle que prend le centre de sous-pression dans les différentes phases du mouvement ascendant des vannes. En supposant la chambre de celles-ci constamment remplie d'eau à la pression d'amont, on sait que le point d'application de la sous-pression est compris entre le tiers et le milieu de la vanne d'aval, la première position correspondant au cas extrême où il n'y aurait aucune contre-pression d'eau, et la seconde à celui où cette vanne serait complétement noyée sous le niveau du bief inférieur. Si donc on place l'axe de l'articulation D de la bielle au tiers de la vanne à partir du bas, on sera certain que le centre de sous-pression sera toujours au-dessus de cet axe, puisqu'il ne coïnciderait avec lui que dans l'hypothèse d'une contre-pression nulle, c'est-à-dire dans le cas où le radier serait à découvert à l'aval. C'est cette dernière position qu'il conviendrait d'adopter pour un déversoir dont la partie fixe ne serait pas toujours submergée par l'eau du bief inférieur. Pour une passe navigable où la contre-pression existe, il n'y aurait aucun inconvénient à placer le point d'attache de la bielle au centre de sous-pression même, en tenant compte de cette contre-pression de l'eau d'aval.

Dans l'appareil qui nous occupe, la charge se réduit à un effort d'extension supporté par les tirants ou bielles qu'on peut multiplier en aussi grand nombre qu'on veut; mais deux suffiront évidemment pour chaque vanne d'aval. Ces bielles peuvent s'attacher à un seuil fixé au radier et dont la tendance à être soulevé ou arraché se trouve très-facilement annulée. On peut encore recourir dans le même but à des rails en fer suspendus sur la chambre des vannes et utilisant, pour résister à la traction des bielles, le poids des pierres des plates-bandes qu'ils rendent solidaires les unes des autres. C'est cette seconde disposition que nous avons représentée par les figures qui accompagnent cette note.

Lorsque deux vannes conjuguées sont couchées sur le radier, on comprend que, quelque faible que soit le jeu laissé entre celle d'amont et la surface du dallage, le courant puisse s'introduire en dessous et la soulever. On ne réussirait pas, en effet, à la maintenir au fond de l'eau si cette tendance n'était combattue par une disposition particulière. On pourrait s'opposer au soulèvement en employant, au lieu de simples rails, des fers à double T formant des coulisses dans l'intérieur desquelles glisseraient les tourillons terminant les essieux. Telle est la disposition que nous avions primitivement adoptée pour prévenir ce soulèvement par l'amont. Mais nous avons choisi de préférence un autre moyen qui nous offrait plus de sécurité pour prévenir l'introduction sous la vanne, des sables susceptibles, dans certaines circonstances, d'en paralyser les mouvements.

Dans la disposition à laquelle nous nous sommes arrêté, la vanne d'amont se compose d'un cadre qui n'est revêtu d'un bordage que sur une partie seulement de sa longueur. Toute la partie inférieure est à jour. Une troisième vanne, que nous désignons sous le nom d'*écran*, pour rappeler son rôle et la distinguer des deux vannes proprement dites dont elle est indépendante, est adaptée, au moyen de charnières, à un seuil fixé au radier. Cet écran se rabat vers l'aval, recouvrant le vide laissé dans la partie inférieure de la vanne d'amont; des galets dont est munie sa traverse supérieure facilitent le glissement de cette vanne, qui le soulève en se redressant elle-même dans le mouvement d'ascension de la crète du barrage.

L'introduction de ce nouvel organe ne modifie en rien le jeu de l'appareil. L'eau qui pénètre animée de sa force vive dans la chambre des vannes exerce une pression sur celle d'aval, qu'elle oblige à se mouvoir, tandis que celle d'amont et son écran se trouvent, en quelque sorte, renfermés dans un milieu stagnant, pressés également sur leurs deux faces et n'opposant, par conséquent, aucune résistance au mouvement que leur imprime la première.

Un barrage ou un pertuis se compose d'une série de couples de vannes conjuguées, semblables à celles que nous venons de décrire sommairement. Toutes les vannes d'aval faisant partie de l'appareil mobile du barrage sont simultanément soumises à l'influence de la même sous-pression. Il pourrait néanmoins arriver que le frottement d'une charnière, résultant d'une insuffisance du jeu de l'articulation, rendît un couple de vannes un peu plus indécis qu'un autre à se mouvoir ; ou bien encore on peut admettre que le courant intérieur établi au moment de la manœuvre des ventelles de prise d'eau, ne rendant pas la sous-pression instantanément uniforme pour tous les couples de vannes, ils aient une tendance à ne se lever que successivement. Si ces couples de vannes conjuguées étaient indépendants les uns des autres, le départ de leur soulèvement provoqué par la pression hydraulique, ne serait peut-être pas simultané sur toute la longueur du barrage ; il serait à craindre que l'un d'eux en se levant, se séparât du couple voisin ; il se formerait alors un vide qui laissant échapper l'eau intérieure, annulerait la sous-pression et ferait manquer la manœuvre. Mais il est facile de prévenir ce défaut de coïncidence dans les différentes phases du mouvement.

Les conditions d'équilibre dans lesquelles se trouvent les vannes sont, avons-nous dit, sensiblement les mêmes, et ne peuvent différer que très-peu dans l'application. Si donc nous supposons qu'on réunisse par une longuerine les vannes s'abaissant du même côté, elles deviendront solidaires et obéiront simultanément aux forces qui tendent à les déplacer.

Est-il à craindre que les deux charnières, qui réunissent à leur sommet les vannes d'amont et d'aval du système proposé n'aient pas un axe parfaitement rectiligne, et qu'il en résulte des résistances passives, de nature à nuire à la manœuvre ? Nous avons donné par mesure de précaution à ces deux charnières un arbre de rotation unique, de sorte que chaque couple de vannes considéré à part ne peut faire naître une telle appréhension. Quant à la rectitude de la ligne formée de la série des différents axes, il n'y a pas lieu de redouter qu'elle puisse être faussée de manière à paralyser le mouvement d'ensemble de toutes les vannes. La longuerine qui les rend solidaires est fixée par des boulons placés dans les entre-deux qui séparent les couples voisins. Il en résulte un certain jeu qui laisse à ces vannes la liberté de prendre un léger déplacement transversal, analogue à celui d'un wagon dans l'intervalle des rails de la voie qu'il parcourt.

On pourrait encore, pour atteindre le même but, supprimer la longuerine qui assemble entre eux les différents couples de vannes d'une travée, et ne donner aux articulations supérieures de toutes leurs bielles qu'un seul arbre de rotation établissant la même solidarité (1).

Le jeu laissé entre les vannes de deux couples voisins peut être aussi restreint que possible, et la direction imprimée au mouvement de ces vannes, par les rails, en réduit dans d'étroites limites les variations. Les fuites d'eau sont du reste peu redoutables, si l'on considère la grande masse liquide, qu'il est facile d'introduire sous les vannes, et qui nécessairement doit dominer les pertes. Il est bon de remarquer d'ailleurs que les vides des entre-deux des vannes d'amont agiraient toujours en sens inverse de ceux des vannes d'aval, et que, si les uns tendaient à nuire à la manœuvre, les autres la favoriseraient et annuleraient, au moins en partie, l'influence des premiers.

Deux prises d'eau aux extrémités du déversoir ou du

---

(1) Le vantail et le contre-vantail du pertuis de La Neuville-au-Pont, sur la Marne, ont un poteau tourillon horizontal de 9 mètres 40 de longueur, qui tournant dans une série de colliers, présente une disposition analogue à celle de la variante ci-dessus.

L'adoption à La Neuville d'un poteau-tourillon horizontal en bois, d'un diamètre beaucoup plus grand que celui d'un arbre en fer, l'obligation, pour ce poteau, de tourner dans un chardonnet en pierre, et l'interposition possible de sable entre les surfaces frottantes, donnent prise à des critiques qui ne seraient pas justifiées à propos de l'application d'un arbre de rotation unique, dans la variante précitée.

pertuis ne sont pas nécessaires pour la manœuvre; une seule suffirait sans doute largement aux besoins. La seconde ne serait probablement indispensable que dans le cas où la rivière à canaliser atteindrait une largeur considérable, qui motiverait une longueur de déversoir supérieure à celles généralement adoptées. Cependant, si l'on peut se dispenser de ménager une seconde prise d'eau, nous croyons utile de réserver dans le corps de la culée opposée à celle d'où part la première, un aqueduc évacuateur pour donner la faculté d'opérer, dans la chambre des vannes, des chasses destinées à la nettoyer des dépôts limoneux.

Si pour un barrage d'une grande longueur, on redoutait un effet de gauchissement dont la répartition des bielles sur toute cette longueur, et la présence de rails-directeurs nous empêchent de concevoir la crainte, il serait facile de prévenir cet inconvénient. On n'aurait qu'à diviser ce barrage en plusieurs travées composées d'un certain nombre de vannes solidaires les unes des autres. De petites piles très-minces, percées pour la communication des chambres ménagées dans le radier, et séparant les différents groupes de vannes, rempliraient le rôle de diaphragmes établissant leur indépendance. Les fondations de ces petites piles étant d'ailleurs toutes préparées, leur construction serait peu coûteuse. La division du barrage en plusieurs travées aurait d'ailleurs cet avantage, que, dans l'éventualité d'une réparation à venir, elle servirait à isoler au moyen de batardeaux dont elle faciliterait l'établissement, la travée comprenant le travail à exécuter. La réparation pourrait s'effectuer pendant le fonctionnement du barrage, puisque les deux tronçons pourraient être alimentés respectivement par l'une et l'autre extrémité. La navigation n'éprouverait pas de chômage forcé, ce qui est toujours une cause de perte pour le commerce.

Il est probable toutefois que pour les cours d'eau des bassins secondaires, la division d'un barrage en plusieurs travées ne serait pas indispensable.

Variation progressive de la hauteur du barrage. — Un des caractères de l'appareil proposé, c'est de permettre de faire varier à volonté la hauteur du barrage. Si une crue vient à se manifester, il nous semble facile de faire subir aux vannes un abaissement partiel qui maintienne la surface de l'eau d'amont à un niveau sensiblement constant, jusqu'au moment où le relief de la partie mobile doit complétement disparaître. En effet, le système de ventellerie dont l'idée se présente la première à l'esprit, pour établir et interrompre alternativement la communication de la chambre des vannes avec les biefs d'amont et d'aval, consiste en deux ventelles placées dans l'aqueduc longitudinal de prise d'eau, l'une en avant, et l'autre en arrière de l'orifice transversal. Or, qu'on abaisse de quelques centimètres la ventelle alimentaire et qu'on élève d'une quantité correspondante la ventelle de décharge, l'eau dans l'intervalle qui les sépare, prendra bientôt par l'effet de cette manœuvre un niveau intermédiaire aux deux retenues d'amont et d'aval ; la pression intérieure diminuera, et les vannes d'amont entraînant leurs conjuguées, s'abaisseront jusqu'à ce qu'un nouvel état d'équilibre venant à se produire, leur mouvement se trouve arrêté. Quelques tours de clef suffiront donc pour faire varier à volonté la position de la crête du déversoir.

Nous avons vu que les deux ventelles se manœuvrent toujours en sens contraire l'une de l'autre, c'est-à-dire, qu'au moment où l'une se lève, l'autre doit se fermer, et que le jeu de l'appareil est fondé sur le rapport et non sur la grandeur absolue des ouvertures. Il résulte de cette condition, qu'en réunissant les tiges de ces deux ventelles par un balancier, disposition imitée de celle des barrages de la Marne (système de M. Desfontaines), on pourrait effectuer simultanément leur double manœuvre au moyen d'un seul cric.

Cependant il nous paraît préférable, dans cette circonstance, d'appliquer à la manœuvre de l'appareil dont nous nous occupons, un autre système de ventellerie qui jouit de la propriété d'être automobile et de mieux faire remplir au barrage l'office de régulateur de la retenue.

Nous n'ignorons pas qu'une certaine prévention existe contre les appareils dits automobiles, par suite d'insuccès dans l'application de cette propriété. On admet en général que les ouvrages hydrauliques doivent présenter, non la précision et la délicatesse des mécanismes ou des machines-outils employés dans les usines, mais un certain caractère de rusticité qui se concilie mal avec l'automobilité. La manœuvre spontanée que nous proposons, nous paraît exempte des objections qu'on peut faire aux appareils essayés; mais des expériences plus heureuses que celles tentées jusqu'à présent seraient nécessaires pour réhabiliter la recherche de l'automatisme en fait de barrages.

La principale objection qu'on lui oppose, c'est que la manœuvre se produisant d'une manière irrégulière, il en est résulté des variations de débit qui, en apportant une certaine perturbation dans le régime du cours d'eau, ont pu paralyser ensuite le jeu des appareils ou le faire manquer d'opportunité.

Nous dirons toutefois que ce caractère accessoire n'est nullement inhérent au principe même du système proposé qui en est indépendant, et qu'on peut, à volonté, ne pas en tenir compte (1).

MANŒUVRE AUTOMATIQUE DE LA PARTIE MOBILE DU DÉVERSOIR. — La ventellerie automobile interposée dans l'aqueduc de prise d'eau présente ce singulier caractère d'être au moins aussi simple que les ventelleries dont la manœuvre exige l'intervention d'un agent. Elle se compose de deux ventelles tournant autour d'un axe de rotation horizontal, et placées dans l'aqueduc, l'une à l'amont et l'autre à l'aval de l'orifice transversal (*fig.* 5).

Examinons comment se comportent ces ventelles, suivant les variations du niveau de la rivière :

Soit (*fig.* 8) une ventelle AB dressée verticalement contre un seuil placé en arrière, et pouvant tourner autour d'un axe de rotation horizontal I, de manière que sa volée s'incline dans le sens du courant. La pression qu'elle supporte est, comme on sait, pour le cas d'une chute AP, représen-

---

(1) On peut, dans le système des vannes à bascule qui a été particulièrement l'objet des critiques auxquelles nous faisons allusion, rendre ces vannes aussi stables qu'on le désire. Il suffit pour cela de placer l'axe de basculement très-près du milieu de ces vannes, à quelques centimètres seulement au-dessous de ce niveau, pour empêcher que, sous l'action du courant, elles ne se redressent par la culasse.

Il serait facile d'ailleurs d'obtenir par l'automobilité des vannes à bascule une gradation de la section d'écoulement proportionnée à l'importance du débit. Rien n'empêcherait en effet, de distribuer ces vannes par groupes dans lesquels la hauteur de l'axe de basculement, non uniforme varierait de l'un à l'autre, suivant les termes d'une progression arithmétique. Au lieu d'avoir un abaissement un peu désordonné et susceptible de produire une certaine perturbation dans le régime du cours d'eau, les divers groupes bascuferaient successivement au fur et à mesure des progrès de la crue, et en lui offrant une section de plus en plus grande. L'accroissement de cette section ne serait point subit, mais réparti sur toute la durée de la crue ; il ne causerait à la marche ascendante de celle-ci aucune anomalie sensible.

tée par la surface du polygone ABCD, et le centre de pression par la projection sur la ventelle, du centre de gravité de ce polygone. Pendant les basses eaux, son centre de pression se trouve au-dessous de son axe de rotation, et la ventelle se maintient droite. Si une crue survient, le centre de gravité de la figure représentant la pression, s'élève en suivant les progrès de cette crue, et lorsqu'il a dépassé le niveau de l'axe de rotation, la ventelle s'incline et laisse écouler l'eau de la retenue.

Considérons d'un autre côté (*fig.* 7), une ventelle dressée contre un seuil placé en amont de la culasse, de manière qu'elle ne puisse tourner qu'en sens inverse de la précédente ; c'est le contraire qui aura lieu : ouverture pendant les basses eaux et relèvement pendant les crues.

Or, supposons que les ventelles de la prise d'eau soient établies de manière que la volée de celle d'amont ne puisse s'incliner qu'en sens inverse du courant, tandis qu'au contraire, celle de la ventelle d'aval ne puisse se renverser que dans sa direction. Ces ventelles sont rendues solidaires par une bielle d'une longueur calculée pour que l'état de bascule de celle d'amont corresponde à l'état de redressement de celle d'aval, et réciproquement. Pendant la période des basses eaux, la première est naturellement ouverte et la seconde fermée (*fig.* 5), la chambre des vannes se trouve alimentée et le barrage fonctionne. La rivière venant à croître, le centre de pression s'élève au dessus de l'axe de rotation de la ventelle de décharge ou d'aval ; cette ventelle s'incline à son tour pendant que celle d'amont se ferme spontanément. La sous-pression disparaît et les vannes du barrage s'affaissent sur elles-mêmes. La rivière s'abaisse-t-elle de nouveau, le centre de pression sur la ventelle de prise d'eau ou d'amont redescend alors, et cette ventelle s'ouvrant pendant que celle d'aval se redresse, permet au courant d'alimenter la chambre des vannes.

La bielle figurée sur le dessin, qui rend les deux ventelles solidaires l'une de l'autre ne serait peut-être pas indispensable pour les manœuvres précédentes ; elle aurait dans tous les cas pour effet d'assurer plus complétement la simultanéité de leurs mouvements.

On peut se proposer d'établir l'axe de rotation des ventelles dans une situation telle que le centre de pression vienne le rencontrer, lorsque le niveau naturel de la rivière s'élève à une certaine hauteur déterminée, par exemple, lorsque ce niveau atteint à l'aval du barrage celui de sa retenue normale. En effet, le tableau des débits de cette rivière correspondants à ses différentes hauteurs, indique le volume qu'elle écoule par seconde à cet instant. On en déduirait par la formule connue, la dénivellation qui doit se produire sur le sommet des vannes relevées du déversoir, et par suite la cote du niveau d'amont. La figure du polygone représentant la pression sur la ventelle étant alors déterminée, il suffirait de chercher le centre de gravité de ce polygone et de le projeter sur la ventelle, pour avoir la position de l'axe de rotation de celle-ci.

Pratiquement, la question se présente sous une forme très-simple. Si le tirant d'eau minimum de la rivière est de 1^{m}60, c'est au moment où le niveau d'aval s'élèvera de cette hauteur, ou pour plus de sûreté de 1^{m}80 au-dessus du seuil des vannes de la passe navigable que, par un mouvement spontané, le relief de celles-ci pourra disparaître. Le seuil est en effet, un des points du lit où la couche d'eau d'étiage dans son état naturel a le moins de profondeur ; lorsque l'échelle d'aval accuse 1^{m}80 de hauteur d'eau sur ce point, le débit de la rivière est assez élevé, et par suite la pente du courant assez sensible, pour qu'on soit certain que le tirant d'eau minimum de cette rivière rendue à elle-même, se trouve dans l'étendue du bief considéré, supérieur à $1^{m}60$.

Supposons maintenant que la ventelle de décharge ou d'aval ait son sommet placé à cette cote de 1^{m} 80 : à partir du moment où la rivière, dans son mouvement ascendant, en affleurera la crête par l'aval, la pression sera uniformément répartie sur toute sa hauteur, et son point d'application restera, pendant toute la durée de la crue, invariablement fixé au milieu de cette ventelle ; son intensité seule variera. Le polygone représentant la pression prendra alors la forme d'un rectangle.

Il suffira donc, pour que le basculement spontané se produise au moment convenable, de placer l'axe de rotation au milieu de ladite ventelle ou plutôt à quelques centimètres au-dessous, afin de compenser l'effet de résistance provenant des frottements.

C'est la règle qu'il conviendrait de suivre dans la détermination de la hauteur de la ventelle et de la position de son axe de rotation ou de basculement.

Il y a, du reste, toute présomption pour que l'ouverture spontanée des ventelles n'ait pas lieu brusquement en faisant passer la rivière d'un état à un autre qui en soit plus ou moins éloigné. La transition se ferait sans doute par degrés à peine sensibles, par suite d'une évolution partielle de la ventellerie de prise d'eau, réalisant dans la chambre des vannes, un niveau intermédiaire à ceux d'amont et d'aval. On comprend, en effet, que la ventelle d'amont, s'étant en partie redressée, son centre de pression s'abaisserait bientôt au-dessous de l'axe de rotation ;

elle réagirait alors contre l'entraînement exercé par la ventelle d'aval et empêcherait celle-ci de basculer complétement, en la maintenant dans une inclinaison correspondante à la sienne.

Mais le passage dans l'abaissement spontané du déversoir de l'une à l'autre de ses positions extrêmes eût-il lieu presque instantanément, qu'il ne pourrait en résulter de perturbation bien appréciable dans le régime de la rivière; on n'a pas oublié, en effet, que, dans notre hypothèse, cette rivière se trouve déjà à une période assez avancée de la crue, que la chute est considérablement réduite et qu'un rapide agrandissement de la section d'écoulement n'aurait point l'effet torrentiel d'une ouverture en basses eaux.

La même variation progressive de la hauteur du sommet du barrage, que nous regardons comme la plus probable, aurait également lieu pendant sa période descendante.

Il va sans dire, du reste, que dans l'hypothèse d'une manœuvre constamment opérée par la main d'un barragiste, on pourrait donner à la ventelle une hauteur à peu près arbitraire, en plaçant l'axe de rotation en son milieu même ou à quelques centimètres seulement au-dessus, pour en empêcher le basculement en temps inopportun.

Manœuvre exécutée par un agent a une hauteur quelconque de la rivière. — Dans certaines circonstances, il pourrait être nécessaire de manœuvrer le barrage sans attendre le mouvement spontané des vannes mobiles, dans le cas, par exemple, où il s'agirait d'une passe navigable ou pertuis; il suffirait alors, pour effectuer cette opération, de faire une petite addition à l'appareil décrit ci-dessus.

La partie inférieure de la ventelle d'aval ou de décharge (*fig.* 5) serait saisie par l'extrémité d'une chaîne dont l'autre extrémité viendrait s'enrouler sur le tambour d'un treuil. Il est facile de comprendre qu'avec ce seul engin, les manœuvres répondraient à toutes les conditions qui viendraient se présenter. Supposons, en effet, qu'il s'agisse d'opérer les manœuvres nécessaires à l'ouverture de la passe ou, en d'autres termes, d'ouvrir la ventelle d'aval et de fermer celle d'amont, il suffit d'exercer une traction sur la chaîne : la ventelle d'aval bascule et oblige celle d'amont, qui en est solidaire, à se dresser verticalement. Pour effectuer la manœuvre inverse, on n'a qu'à abandonner cette même chaîne, la ventelle d'amont bascule sous la pression de l'eau, et, par la bielle qui l'unit à celle d'aval, détermine le redressement de cette dernière. On comprend, du reste, qu'on peut donner aux deux ventelles toutes les positions intermédiaires entre celles de l'ouverture et de la fermeture complètes, pour réaliser les variations arbitraires de hauteur de l'appareil mobile du barrage. En supprimant l'action de la chaîne, on rendrait automobile la ventellerie de prise d'eau, ainsi que la crête du déversoir.

Une seconde chaîne, qu'on voit attachée à l'extrémité inférieure de la ventelle d'amont, permettrait de relever à volonté le déversoir pendant la durée d'une crue, ce qui, comme nous le verrons plus loin, peut avoir de l'utilité. Cette seconde chaîne, devant s'allonger en même temps que la première se raccourcit, et réciproquement, s'enroulerait sur le tambour du même treuil, mais en sens inverse.

STABILITÉ DE L'ARRIÈRE-RADIER. — Constatons en passant que la nappe déversante du barrage, se projetant d'abord sur la surface inclinée de la vanne, puis réfléchie horizontalement sur le radier, épuiserait en grande partie sa force vive sur le bordage et sur le parement en maçonnerie. Sa puissance destructive serait donc peu redoutable pour la stabilité des enrochements qui protégent le lit de la rivière contre les affouillements, à la suite de ce genre d'ouvrages.

Remarquons encore qu'un déversoir, et surtout un pertuis navigable, construits suivant le système décrit ci-dessus, présenteraient l'avantage de ne pas produire, au moment de leur ouverture, un écoulement *de fond*, toujours funeste à la conservation d'un arrière-radier. La crête de l'appareil mobile, en s'abaissant graduellement sur toute sa longueur, donnerait lieu à un courant superficiel dont on maîtriserait à volonté la violence et qui, s'épuisant sur la couche d'eau d'aval, serait plus inoffensif pour les fondations du barrage.

COMPARAISON DU SYSTÈME DÉCRIT CI-DESSUS AVEC L'APPAREIL DE FERMETURE DU PERTUIS DE LA NEUVILLE-AU-PONT. — Lorsque les vannes sont relevées, le système proposé présente, dans sa forme, une certaine analogie avec celui des portes de fermeture du pertuis de La Neuville-au-Pont (Haute-Marne), décrit dans la collection de dessins de l'École des ponts et chaussées (5e série, section B, planches 1 et 2). Mais il est utile de faire remarquer les dissemblances qui caractérisent les deux systèmes.

Les portes du pertuis de La Neuville (*fig.* 9) tournent autour de poteaux-tourillons *dont l'axe est immobile*, pour se rabattre *l'une sur l'autre*. Leur manœuvre exige une chute d'eau préexistante assez sensible, pour vaincre le frottement considérable, qui existe à leur ligne de contact, et qui est d'autant plus difficile à surmonter au départ, que la direction de la puissance est perpendiculaire à cette force de frottement. Aussi a-t-on jugé nécessaire d'établir une fermeture provisoire au moyen de vannes placées en avant de ces portes, pour décharger le vantail d'amont et augmenter l'intensité de la sous-pression initiale. Le recours à l'expédient d'un barrage auxiliaire qui complique le système ainsi que sa manœuvre est cependant indispensable. La sous-pression du contre-vantail serait en effet impuissante à relever le vantail, si celui-ci n'était déchargé et soumis lui-même à une sous-pression créée par ce barrage auxiliaire. D'après la notice explicative jointe à la collection précitée (tome I, 5e livraison), il faut, pour que le mouvement des portes commence à s'accuser, que la chute préalable de la fermeture provisoire soit au moins de 60 centimètres.

La description du système proposé montre que la vanne d'amont n'oppose aucune résistance, puisque, dès l'origine du mouvement d'ascension, elle n'est soumise à aucune pression hydraulique, si ce n'est peut-être à un léger effort de soulèvement dû à la pente de l'eau, entre l'origine de l'aqueduc alimentaire et la chambre des vannes. La sous-pression supportée par la vanne d'aval a donc toute son efficacité.

Nous croyons, du reste, pouvoir devancer le jugement de l'expérience en disant que sa manœuvre ne serait point subordonnée à la préexistence d'une chute initiale assez sensible. La force vive du courant, ce dernier ne fût-il animé que d'une faible vitesse, n'ayant à vaincre, au lieu de pressions hydrauliques comme celles de La Neuville, que de faibles résistances passives nées de frottements de roulement, triompherait facilement de ces dernières. A l'appui de cette conclusion, il est bon de faire remarquer que la direction de la puissance ferait, toujours avec celle de la résistance correspondante, un angle notablement plus grand qu'un angle droit.

Le système proposé, exempt de la complication d'une seconde fermeture, nous paraît à l'abri des critiques auxquelles a donné lieu l'appareil de La Neuville, et qui paraissent avoir empêché jusqu'ici d'en renouveler l'application.

Les portes composant ce dernier appareil ne s'abaissent facilement et sans hésitation qu'à la condition que l'angle au sommet soit très-obtus, ce qui conduit à leur donner de très-grandes dimensions. Dans le système proposé, en même temps que la résultante de toutes les sous-pressions élémentaires se trouve annihilée ou équilibrée par la résistance des bielles, la charge transmise par la vanne d'amont sur le sommet de celle d'aval, obligerait celle-ci à s'incliner, lors même que l'angle de ces deux vannes serait à peine de 90°. Il n'y aurait pas lieu de craindre, en effet, d'arc-boutement nuisible à la manœuvre d'ouverture.

Avantages d'un système autorégulateur sur un appareil dont la manœuvre exige l'intervention d'un agent. — La manœuvre de la plupart des barrages mobiles, exécutée par un agent, réclame de la part de celui-ci une attention soutenue, pour graduer avec soin les variations de la section d'écoulement. Sans cette attention, on peut craindre, en effet, qu'il se produise des perturbations dans la navigation du bief inférieur exposé à s'appauvrir par une diminution factice du débit de la rivière. Il peut même arriver qu'en faisant supporter à son appareil une charge insitée pour laquelle il n'a pas été construit, le barragiste l'expose à des accidents coûteux à réparer. Cet agent ne doit pas se guider d'après les seules indications du niveau d'amont, mais aussi d'après celles du niveau d'aval.

Le principe de ces barrages laisse donc beaucoup à faire à l'initiative et à l'intelligence du préposé, qui ne peut acquérir que par un assez long noviciat toute l'expérience que réclament ses fonctions. La manœuvre de l'appareil qui fait l'objet de cette note est plus mécanique et exige moins d'intuition ou d'exercice préparatoire de la part de l'agent. Le barrage, en effet, fonctionne comme déversoir dans toutes les phases de sa manœuvre; il ne produit pas de suspension ni même de variation brusque dans l'écoulement de la rivière.

Dans le cas où, ne se fiant pas au caractère automoteur du mécanisme, on chargerait un agent d'en exécuter les manœuvres, le champ conjectural des opérations à effectuer serait assez restreint. La crainte de la submersion d'un pont de service exigeant quelquefois des manœuvres de nuit plus ou moins dangereuses, et les préoccupations qu'elles font naître, disparaissent complétement par l'emploi de cet appareil.

RÉSUMÉ DES EFFETS ÉNONCÉS DANS L'EXPOSÉ QUI PRÉCÈDE. — Ainsi serait réalisé, si l'expérience répond aux prévisions théoriques, le programme d'un barrage mobile dont le relief par des mouvements automatiques, suivrait en sens inverse les variations de hauteur des crues du cours d'eau. Ce programme serait, d'ailleurs, accompli d'une manière relativement économique et sans mécanisme compliqué. Des charnières, des bielles et des galets roulant sur des rails, tels sont les seuls organes qui composent le mécanisme de l'appareil proposé. Dans les différents états de la rivière compris entre l'étiage et la limite des eaux navigables, on réussirait, pour ainsi dire, à la dompter et à réglementer les capricieuses variations de son niveau. D'un autre côté, si, au lieu de ventelles purement automobiles, on adoptait une ventellerie se manœuvrant à la main, on donnerait au barragiste la faculté de gouverner à volonté la retenue de son bief. En un mot, cet agent serait maître de sa retenue, comme un mécanicien, de la machine dont il dirige les mouvements.

COMPOSITION GÉNÉRALE D'UN BARRAGE DE NAVIGATION. — Les anciens pertuis de rivière ont une largeur qui ne dépasse guère 9 mètres et qui est généralement inférieure à ce chiffre. Les difficultés que présentait autrefois la manœuvre des systèmes de fermeture employés et les conditions de leur résistance ne permettaient guère d'augmenter cette dimension. Dans les barrages de construction moderne, on a pu donner aux pertuis navigables une largeur beaucoup plus grande.

Dans notre pensée, le plus grand avantage de cet excédant de largeur est d'augmenter le débouché de la rivière et d'atténuer, lorsque dans les eaux moyennes, ces passes sont ouvertes à la navigation, la hauteur de la chute au moment du passage des bateaux. C'est plutôt pour atteindre ce double résultat que pour faciliter la direction des embarcations dans le pertuis, qu'il est nécessaire de lui donner une grande ouverture. Il y aurait alors intérêt à diviser cette passe navigable en deux parties, pour faciliter les réparations que pourrait accidentellement réclamer son appareil de fermeture. Avec les vannes proposées, deux pertuis d'environ 12 mètres de largeur chacun, séparés par une pile percée transversalement d'un orifice de communication, seraient manœuvrés par une seule prise d'eau. La hauteur de l'appareil mobile du déversoir étant d'ailleurs relativement assez grande, le notable abaissement de la nappe d'eau qu'il permettrait de réaliser serait encore d'un grand secours pour l'établissement éventuel de batardeaux.

Nous devons toutefois faire remarquer que, suivant toute probabilité, les réparations ne pourraient être bien fréquentes : il n'existe pas en effet dans le nouvel appareil, comme nous l'avons dit, d'organes délicats qui soient exposés à se déranger facilement.

Nous pensons, du reste, qu'on n'a guère à se préoccuper de l'éventualité du choc d'un bateau ou d'un corps flottant abandonné à lui-même ; car les vannes imparfaitement abaissées et soumises à une telle épreuve cèderaient probablement à la manière des corps élastiques : elles refouleraient l'eau intérieure agissant comme ressort, et s'abaisseraient sans éprouver d'avaries.

Chaque barrage devrait donc, à notre avis, comprendre une écluse à laquelle serait contigu un double pertuis dont la passe la plus avancée en rivière serait séparée par une pile du déversoir proprement dit. Ce dernier serait formé lui-même d'un massif fixe surmonté d'une partie mobile de 2 mètres au moins de hauteur. On pourrait, il est vrai, ne composer les barrages que de pertuis ou passes navigables ; mais le barrage mixte, s'il est un peu plus long, présente l'avantage de favoriser la création d'une petite dénivellation initiale et de faciliter les réparations.

Considérations générales. Parallèle entre les deux systèmes d'amélioration de la navigation fluviale. — Il existe pour l'amélioration de la navigation des rivières deux systèmes bien tranchés qui ont chacun leurs partisans. L'un consiste dans l'ouverture de canaux latéraux ou de dérivations que l'on creuse à côté du lit de la rivière, l'autre dans l'exhaussement du niveau de celle-ci au moyen de barrages échelonnés sur son cours.

Les perfectionnements apportés au système de fondation des écluses en rivière et la réalisation d'un appareil de fermeture de pertuis facile à manœuvrer, nous semblent donner en général à la canalisation du lit même du cours d'eau, un avantage marqué sur l'établissement des canaux latéraux.

L'exhaussement du plafond de ces canaux par les dépôts vaseux, et les dragages fréquents qui en sont la conséquence, la présence des herbes aquatiques fort gênantes en dépit de faucardages souvent répétés, la résistance qu'éprouvent les bateaux à déplacer l'eau pour circuler dans une voie à section étroite, les dégradations des talus, causées par ce déplacement et surtout par l'agitation qu'engendrent les moteurs à vapeur, sont autant de fléaux que la navigation n'a point à redouter en lit de rivière.

La seconde solution serait également beaucoup moins coûteuse, puisqu'elle économiserait l'acquisition de terrains d'une grande valeur qu'elle n'enlèverait pas à l'agriculture, et la construction de ponts et aqueducs dont la dépense vient grever le montant des ouvrages directement appliqués à la navigation.

La facilité de manœuvre des déversoirs mobiles permet de régler à volonté la vitesse du courant d'un bief, et de l'utiliser au besoin, comme propulseur de la navigation descendante, avantage dont elle est privée sur les canaux.

Il n'y aurait plus, à notre avis, qu'un seul cas où la solution du canal latéral deviendrait préférable, c'est celui où la rivière obligée de contourner un contrefort très-prononcé des coteaux de la vallée, ferait un immense circuit qu'un tronçon de canal, creusé en tranchée ou en souterrain, abrégerait considérablement. Et encore, avons-nous vu souvent dans les hautes eaux, la batellerie descendante préférer en pareille circonstance la voie naturelle à la voie artificielle, et se résigner à un grand allongement de parcours pour s'éviter les dépenses de la traction.

Régularisation des débordements des rivières. — La facilité de réglementation arbitraire de la hauteur d'une retenue ne serait-elle pas le point de départ de dispositions nouvelles au moyen desquelles on pourrait sinon conjurer au moins atténuer les effets des inondations? Quelques aperçus nous paraissent donner beaucoup de poids à cette opinion.

Les digues longitudinales qu'on a construites dans quelques bassins de rivière pour contenir les eaux de débordement, ont donné lieu à des dépenses considérables et souvent infructueuses. Emprisonnées pendant les crues dans une étroite zone de terrain, les eaux ont souvent brisé ces digues destinées à leur servir de barrières et faisant une subite irruption dans la plaine, y ont causé des désastres qui ont tant de fois ému l'opinion publique.

Parmi les différents systèmes proposés comme remède, on a émis l'idée de retenir momentanément la plus grande masse d'eau possible dans la région supérieure du bassin, afin d'éviter dans la partie inférieure la superposition des effets causés par la coïncidence des crues des affluents tributaires du cours d'eau principal. Le résultat qu'on a en vue se trouverait réalisé dans un de ces systèmes, par la création de vastes réservoirs où seraient emmagasinées de grandes masses d'eau. Dans le même but, on a proposé comme mesure préventive des inondations, d'accompagner les endiguements des rivières d'un reboisement des plateaux supérieurs des bassins ou de l'ouverture de nombreux fossés étagés horizontalement sur les flancs de coteaux et destinés à retenir momentanément les eaux pluviales. Leur écoulement par infiltration dans le second cas se répartirait sur un espace de temps assez long pour qu'on n'eût pas à redouter ces fortes intumescences des fleuves, causées en général par l'arrivée presque subite et simultanée de grands volumes d'eau dans le fond des vallées. Le principe à peu près commun à tous les systèmes de régularisation des inondations consiste donc à retarder sur certains points l'écoulement des eaux, pour empêcher leur accumulation de produire sur certains autres des effets désastreux.

Nous pensons de notre côté que ce résultat si désirable pourrait être obtenu presque sans dépenses supplémentaires par les barrages construits en vue du perfectionnement de la navigation, pourvu qu'ils pussent, comme dans le système proposé, se manœuvrer facilement à une hauteur quelconque de la rivière.

Entrons dans quelques détails au sujet de cette application de l'appareil décrit ci-dessus.

On sait que les digues qui limitent le lit de certains fleuves dans la partie inférieure de leur bassin, lorsqu'elles sont rompues, donnent issue par leurs brèches à des torrents qui dévastent les propriétés riveraines, détruisent les habitations, ravagent les récoltes et recouvrent la terre végétale de sable et de graviers qui la rendent pendant longtemps improductive. On remarque souvent que par l'arrivée simultanée et la superposition des produits des affluents, le débordement commence à devenir menaçant dans la partie inférieure de la vallée principale, alors que les eaux roulées par certaines vallées secondaires sont encore contenues dans leur lit. Il y aurait alors intérêt à suspendre momentanément l'écoulement des eaux dans cette dernière partie, et même à y produire un débordement artificiel ; on retiendrait ainsi de grandes masses d'eau auxquelles, après le passage des crues des affluents inférieurs, on pourrait donner un écoulement aussi lent qu'inoffensif. Leur stagnation momentanée dans les plateaux supérieurs ne produirait qu'une irrigation fécondante, tandis que libres de s'écouler elles auraient contribué à occasionner des ravages sur une grande étendue du cours inférieur du fleuve, en ravinant les terres avec une vitesse torrentielle. On a souvent reconnu, par exemple, que les inondations de la Seine causent des désastres, alors que la Marne, un de ses principaux affluents, ne semble pas devoir sortir de son lit. Il paraît alors évident qu'un gonflement ou même de petits débordements artificiels produits dans la région la plus élevée de quelques-uns des grands affluents du fleuve, auraient pour effet d'entraver l'écoulement de masses d'eau qui tendraient à s'accumuler dans la partie inférieure de la vallée principale.

Le but que nous nous proposons serait de faire servir les barrages, construits pour la navigation, à emmagasiner de grands volumes d'eau qu'on empêcherait ainsi d'aller augmenter l'intensité des débordements redoutés dans la région inférieure du bassin.

Pour atteindre ce but, il faut qu'on soit maître de manœuvrer facilement ces barrages, quelle que soit la hauteur des eaux. La description du système qui nous occupe montre que cette condition du programme se trouverait accomplie.

Considérons donc un barrage construit pour la navigation, et supposons qu'on ait établi dans la vallée une digue en terre qui en forme en quelque sorte le prolongement.

Si une crue se manifeste sans que rien encore fasse pressentir un débordement, il est rationnel d'ouvrir le barrage au moment où la rivière, rendue à son régime naturel, donne à la navigation le niveau qui lui est nécessaire. Supposons maintenant que le barrage étant ouvert, on reçoive l'avis que dans la partie inférieure du bassin, un débordement devient menaçant et peut causer des désastres. C'est alors qu'il conviendrait de relever les barrages mobiles de la partie supérieure du même bassin, pour emmagasiner les eaux qui, libres de s'écouler, eussent été augmenter l'intensité des inondations à l'aval. On peut d'ailleurs se rendre un compte approximatif du résultat de cette manœuvre.

Prenons comme exemple une rivière dont le volume débité par seconde, lorsqu'elle coule à pleins bords, soit de 400 mètres cubes. Le niveau des retenues créées en vue de la navigation est situé à environ 1^{m}00 en contre-bas du niveau moyen des berges auprès des barrages qui les produisent et auxquels nous attribuons une longueur de 60 mètres. Supposons qu'on ferme un de ces barrages au moment où, dans son écoulement naturel, la rivière est sur le point de se répandre dans la plaine. A cet instant la crête du déversoir est submergée; on déduit des données ci-dessus, à l'aide de la formule approximative du débit de la rivière, applicable au cas dont il s'agit, une hauteur de l'eau d'amont au-dessus de ce déversoir d'environ 2^{m}50.

La rivière s'étendrait donc dans la plaine en une nappe de 1^{m}50 d'épaisseur mesurée sur le sommet de la rive, près du barrage. En tenant compte des pentes transversale et longitudinale de la vallée, nous admettrons que sa surface soit recouverte d'une couche d'eau de $0^{m}75$ d'épaisseur moyenne sur une largeur de 400 mètres et sur une longueur de 10,000 mètres.

Le volume d'eau à peu près dépourvu de vitesse, et par conséquent emmagasiné sous l'influence d'un barrage serait donc d'environ $0^{m}75 \times 400^{m} \times 10,000^{m} = 3,000,000^{mc}$

Dans le lit même de la rivière, la tranche d'eau d'une épaisseur égale à la hauteur de la partie mobile du déversoir peut être également considérée comme immobilisée. Elle représente, en supposant cette hauteur de 2 mètres seulement, un volume d'au moins $2^{m} \times 60^{m} \times 5,000^{m}$ . . . . 600,000^{mc}

Total. . . . . 3,600,000^{mc}

A raison de 400 mètres cubes par seconde, la réserve précédente représente le débit total de la rivière coulant à pleins bords, pendant 9,000 secondes ou pendant 2 heures 30 minutes.

Supposons que dans les conditions ci-dessus, remplies par une rivière dont le régime se rapproche de celui de la Marne, on relève seulement 5 barrages de la partie moyenne de son bassin, on ralentirait son écoulement par une retenue équivalente à une suspension de cet écoulement pendant 12 heures et demie, en ne submergeant une portion de sa vallée que d'une eau tranquille.

On comprend quelle influence modératrice aurait ce ralentissement d'écoulement qu'on pourrait augmenter soit en fermant un plus grand nombre de barrages établis pour la navigation, soit en relevant des barrages analogues construits sur les affluents non navigables pour créer des forces motrices à l'industrie. Pendant qu'on effectuerait dans la partie supérieure des bassins secondaires ces débordements artificiels et inoffensifs, l'interruption du cours des affluents permettrait à la vallée principale du fleuve de se vider en partie de son trop-plein et de se disposer à recevoir de nouveaux volumes d'eau. Suivant toute apparence, le danger serait ainsi conjuré.

En résumé, quelques parties de la région supérieure des vallées secondaires, maintenues dans leur affectation actuelle, rempliraient momentanément le rôle assigné aux nombreux réservoirs permanents qu'on a proposés pour régulariser le régime de certains fleuves, et empêcher les effets destructeurs des inondations.

Remarquons, d'ailleurs, que souvent les débordements peuvent être menaçants sur le fleuve, avant que la surface de l'eau atteigne le sommet des rives naturelles de certains de ses principaux affluents. La fermeture des barrages de ces derniers pourrait alors prévenir les désastres à craindre dans la vallée principale, sans qu'il fût indispensable d'imposer aux vallées secondaires une submersion quelconque. La partie supérieure du lit des affluents serait, dans beaucoup de cas, un réservoir suffisant pour atteindre le but désiré. Cette prévision est d'autant mieux justifiée, qu'à la capacité du lit proprement dit se joindrait celle qu'occuperaient les eaux s'infiltrant par les berges dans le sol plus ou moins perméable de la vallée.

En raison de la diminution de déclivité que présente un bassin, de sa source à son embouchure, les masses d'eau animées de vitesses différentes s'accumulent, et le maximum du débit se ressent de cet afflux continuellement alimenté par les cours d'eau des vallées secondaires. En relevant les barrages existant sur ces cours d'eau, on remédie à cette différence de déclivité et, par suite, aux variations de vitesse qu'elle engendre et qui produisent les débordements.

La réussite de cette combinaison économiserait de grandes dépenses, car les barrages dont nous avons parlé seraient, pour la plupart au moins, nécessaires à la navigation. Leur appropriation au double but que nous avons en vue ne consisterait que dans l'établissement de digues d'une faible hauteur construites transversalement à la vallée suivant l'axe de ces barrages, et dans l'exhaussement des culées de ces derniers, pour permettre de les manœuvrer dans tout état des eaux. La construction de ces digues transversales n'entraînerait, d'ailleurs, qu'à des dépenses fort minimes, car elles seraient formées du dépôt des déblais extraits des fouilles de fondation des barrages.

A certains confluents, le cours d'eau secondaire est à peu près aussi considérable que le fleuve lui-même pris immédiatement en amont ; tels sont, par exemple, dans le bassin de la Seine, les confluents de l'Yonne, de la Marne, de l'Oise, etc. Or, on a objecté à la combinaison précédente la difficulté de discerner celui des deux cours d'eau qu'il conviendrait de retarder dans son écoulement, et par suite la crainte qu'une manœuvre inopportune ne retardât précisément celui de ces deux cours d'eau qui eût pris les devants et d'amener une coïncidence qui n'eût peut-être pas existé naturellement. Cette objection nous semble peu fondée : il est toujours facile, en effet, de reconnaître à chaque confluent d'une certaine importance d'après l'aspect de la rencontre des deux courants, celle des deux rivières dont la crue a le plus d'intensité ; c'est alors sur le cours d'eau le moins gonflé que doit porter l'action retardatrice.

En admettant même, ce qui est peu probable, qu'il fût difficile d'établir à cet égard une distinction entre les deux rivières, un retard momentanément imposé à leur écoulement permettrait encore à la partie inférieure de la vallée de se débarrasser d'un volume d'eau considérable, et de se disposer à recevoir un nouvel afflux. Ce retard simultané maintiendrait, d'ailleurs, l'avance que la crue de l'un des cours d'eau aurait déjà prise sur celle de l'autre avant la fermeture des barrages.

Ainsi, en temps de crue menaçante, des instructions pour suspendre l'écoulement dans la partie supérieure du fleuve seraient adressées par voie télégraphique aux agents du service de la navigation résidant près des confluents; ceux-ci transmettraient à leur tour, suivant les circonstances, des instructions analogues pour l'une ou l'autre des deux vallées concourantes, et dans certains cas pour toutes les deux.

Il y aurait à distinguer, bien entendu, d'après la saison où la crue se produirait, suivant la nature du sol et surtout suivant celle des cultures, les biefs des vallées secondaires sur lesquels il conviendrait de préférence d'étendre l'immersion artificielle.

Résultats a espérer dans l'intérêt de l'agriculture. — Nous sommes même disposé à croire que cette immersion favorable à la culture productive des plantes fourragères, porterait à transformer peu à peu en prairies les terrains irrigables et accroîtrait, dans une certaine mesure, le revenu du sol des vallées secondaires. On en viendrait sans doute à augmenter par une manœuvre des barrages, faite à propos dans le seul intérêt de la culture, l'intensité de crues trop faibles pour que les eaux pussent naturellement sortir de leur lit. La faculté d'établir une proportion convenable entre l'étendue des prairies naturelles et celle des terres arables d'une certaine région, ajouterait à la prospérité de l'agriculture dans cette partie du territoire.

Si l'on était certain que chaque année, aux époques favorables, la plaine serait submergée, il est à présumer qu'on ne ferait pas d'endiguements pour la couvrir contre cette submersion qui, par son arrivée en temps propice, deviendrait une irrigation fécondante. Or, cette régularité des crues qui transformerait le fléau dévastateur en agent de production, serait probablement obtenue d'une manœuvre opportune de barrages construits dans le système précédemment décrit.

Le principe de l'application des barrages à la régularisation des débordements dépend uniquement de la propriété de pouvoir se manœuvrer rapidement et de fonctionner dans tout état de la rivière, même pendant une inondation. Le système proposé nous paraît posséder ce double caractère.

Choix de la situation des barrages aux environs des villes. — La canalisation des rivières est un besoin incessant de notre époque. L'industrie de la batellerie, qu'on avait cru devoir disparaître devant l'établissement des voies ferrées, tend à prendre, au contraire, un nouvel essor et se développe partout de plus en plus. Le problème qui a pour but de fixer, en vue de la navigation, la position des barrages d'un système de canalisation étant presque toujours dans certaines limites un peu indéterminée, il serait facile d'en rapprocher un certain nombre des centres de population où, indépendamment de leur objet principal, leur chute, si facile à maîtriser et à régler, pourrait servir subsidiairement d'autres intérêts publics. C'est ainsi que les forces motrices créées pourraient être mises à profit pour les distributions d'eau, le nettoyage des égouts, etc. ; celles que n'utiliserait aucun service public, pourraient être mises à la disposition de l'industrie, moyennant redevance au profit du trésor.

Nous pouvons ajouter que la construction de pareils barrages n'exigerait, pour ainsi dire, aucun élargissement du lit naturel de la rivière et ne produirait aucun encombrement de la vallée.

Des barrages dont on serait libre dans une certaine limite de choisir arbitrairement la position, pourraient encore être utilisés pour l'établissement économique de ponts ou de passerelles que réclament souvent de grands intérêts obligés de s'incliner devant l'importance de la dépense. Les fondations, qui sont généralement la partie la plus coûteuse de tels ouvrages étant toutes préparées, leur construction serait réduite dans une proportion considérable.

S'il est permis, à propos de projets uniquement conçus en vue de leur utilité pratique, de jeter en passant un coup-d'œil sur le côté pittoresque de leur exécution, on peut dire que les manœuvres de ces barrages offriraient un curieux spectacle, dont l'intérêt ne diminuerait en rien celui des avantages matériels qu'on aurait réalisés. Ces cascades, que nous nous représentons comme obéissant, pour ainsi dire, au geste d'un homme, ne sauraient nuire à l'aspect imposant d'un large cours d'eau. Nous devons faire remarquer, toutefois, qu'en général les manœuvres, qu'elles aient lieu spontanément ou qu'elles soient exécutées par la main d'un préposé, se produiraient par degrés insensibles et passeraient inaperçues.

III

DÉTAILS ET DÉPENSES DE CONSTRUCTION.

Composition du radier. — Les détails pratiques de l'application du principe ci-dessus décrit peuvent évidemment présenter de nombreuses variantes. Nous nous bornerons à indiquer succinctement les dispositions qui nous paraissent le mieux réunir la simplicité à l'économie de la construction.

Qu'il s'agisse d'un pertuis navigable ou d'un déversoir, les dispositions sont peu différentes.

Le radier comprend dans sa composition plusieurs plates-bandes en pierres de taille transversales au courant et rachetant les différences de niveau ; d'autres plates-bandes étroites supportent les rails des voies de fer des vannes d'amont et d'aval. Les intervalles de ces plates-bandes peuvent être remplis sous les premières vannes par un simple massif de béton ; sous les dernières, le radier forme une surface plane et bien dressée que doit affleurer avec le moindre jeu possible, les traverses inférieures de ces vannes dans les différentes phases de leur double mouvement de rotation et de translation. On peut obtenir une pareille surface soit par un dallage ou un enduit en ciment, soit au moyen d'un plancher en madriers parallèles à la direction du courant.

Les dispositions de ce radier sont susceptibles de plusieurs variantes. Dans l'une d'elles (*fig.* 1 et 2), les rails du chemin de fer, au lieu de présenter une lacune dans la partie correspondante à la chambre de pression, traversent cette chambre ; ils établissent une solidarité entre les pierres de plates-bandes qui, ainsi, concourent toutes à la résistance qu'oppose le radier à la traction des bielles. Par cette disposition, les pierres n'ont pas besoin de pénétrer aussi profondément dans le béton de fondation que si les rails parcourus par les deux vannes étaient indépendants : la couche de ce béton peut être réduite à une moindre épaisseur et présenter des formes moins accidentées. La continuité des rails permet, d'ailleurs, de donner aux chemins de fer une précision rigoureuse et d'assurer la régularité du mouvement des vannes.

Le radier d'un pertuis navigable doit être encadré à ses extrémités d'amont et d'aval par des plates-bandes en béton contiguës aux vannages et qui formeraient la base de batardeaux à l'abri desquels doit se construire ce radier.

Dans un déversoir ayant une partie mobile de 2 mètres de hauteur, on pourrait se dispenser de réserver ces plates-bandes en béton et réduire la largeur du massif comme l'indique la figure 1, pourvu qu'il soit accompagné d'un pertuis ayant au moins 3^{m}00 de partie mobile. Pour se priver du secours des batardeaux, il serait utile en effet, qu'on pût pendant la construction du déversoir, donner écoulement par ce pertuis à toute la rivière sans que son niveau atteignît celui de la plate-bande d'aval de ce déversoir. Il conviendrait en général pour économiser ce surcroît de largeur des maçonneries qu'il y eût au moins 1 mètre de différence entre les hauteurs des appareils mobiles de ces deux parties du barrage.

Dans le cas le plus ordinaire, il serait toujours facile d'éviter des submersions importunes pendant la construction du déversoir, tout en se privant du secours des deux zones de béton destinées à supporter des batardeaux de même nature. Un barrage est en effet, presque toujours accompagné d'une écluse dont les buscs sont notablement en contre-bas (1 mètre au moins) du radier du pertuis contigu. On commence par la construction de cette écluse qui doit être terminée avant qu'on ne s'occupe des autres ouvrages. Les batardeaux qui forment l'enceinte de celle-ci ayant été détruits après l'ouverture des deux paires de portes, on fait écouler entre ses bajoyers toute ou presque toute la rivière dont le niveau dans l'emplacement du barrage peut ainsi descendre sensiblement au-dessous de son étiage naturel. Quand la construction du pertuis et du déversoir favorisée par cet abaissement de la nappe d'eau est complétement achevée, on établit dans les coulisses de la tête d'amont de l'écluse un rideau de poutrelles à l'abri duquel on referme l'une des deux paires de portes. Il ne reste plus qu'à enlever ces poutrelles pour mettre le barrage-éclusé en état de fonctionner d'une manière régulière.

Déversoir en charpente. — On pourrait aussi construire le déversoir en charpente sans autre maçonnerie que du béton. Dans ce mode de construction, deux vannages contiennent le massif dans lequel est ménagée la chambre de pression ; ils sont reliés par des entretoises parallèles au fil de l'eau, sur lesquelles sont fixés les rails de la voie de fer, ainsi que les charnières des bielles. La partie de ce massif correspondant à la course de la traverse inférieure des vannes d'aval, peut être revêtue d'un enduit en ciment, ou mieux, d'un plancher en madriers parallèles au courant. Les parois verticales de la chambre de pression peuvent être garnies d'un bordage en madriers pour contenir le béton pendant son coulage.

Le seuil des vannes-écrans est naturellement boulonné aux pieux du vannage d'amont.

Ce mode d'application du principe posé plus haut, le plus simple, sans doute, qu'on puisse imaginer, puisqu'il exclut l'emploi de toute maçonnerie de pierre de taille, et même de moellons piqués, pourrait être adopté dans bien des cas. Il réunirait la rapidité d'exécution à l'économie.

Composition des vannes en charpente. — Les vannes d'aval se composent d'un cadre en charpente contre lequel est fixé un bordage en madriers. Il serait naturel de poser le bordage en dessous de manière que la pression de l'eau l'appuyât contre les feuillures. En le plaçant en dessus, nous nous sommes proposé de faciliter certaines opérations dont la nécessité, sans apparaître maintenant, pourrait se révéler dans l'avenir. Quelque confiance que l'on ait dans la régularité du mouvement de l'appareil, la prudence recommande néanmoins de prévoir certaines éventualités où il serait utile pour une restauration ou une vérification quelconque des engins, de pénétrer dans la chambre des vannes. Or, si l'on imagine un bordage en madriers appliqués sur le pourtour du cadre de celles-ci, et maintenus contre la pression de l'eau par des boulons, il suffirait de retirer quelques écrous pour qu'on pût enlever ce bordage et mettre à jour l'intérieur de cette chambre. La pose et l'ajustage de l'appareil seraient d'ailleurs singulièrement facilités par la disposition précédente qui permettrait de ne fixer les madriers qu'en dernier lieu.

Sur les deux montants du cadre viennent s'adapter au moyen de boulons les colliers qui font partie de l'articulation des bielles. Des colliers analogues sont fixés aux rails qui traversent la chambre de pression du radier.

Les bielles sont composées de deux barres de fer méplat, et présentent à chaque extrémité une fourche dont les deux branches embrassent les colliers auxquels les assemble un arbre de rotation.

La position du point d'attache de ces bielles différant peu de celle du centre de pression est très-favorable à la résistance des vannes et permet de réduire à d'assez faibles dimensions l'équarrissage des pièces du cadre en charpente, eu égard à la charge totale qu'elles doivent supporter.

Les vannes d'amont ne se composent également que d'un cadre dont la seule partie, découverte par la vanne-écran dans son mouvement d'ascension, est revêtue d'un bordage.

Cet écran est lui-même formé d'un bordage fixé sur un cadre composé de deux montants réunis par deux traverses extrêmes et une ou deux traverses intermédiaires.

Les tourillons par lesquels se terminent les traverses inférieures des vannes représentent les fusées des essieux formés de ces traverses. Pour compléter l'analogie, on peut considérer ces vannes comme des chariots roulant sur un chemin de fer et dont la plate-forme est soumise à un double mouvement de translation et de rotation. Elles sont, comme on l'a vu par la description qui précède, d'une construction très-simple, et en raison de l'exiguité relative de leur poids individuel, elles peuvent être mises en place avec une grande facilité et sans recours à l'emploi de puissants engins de montage.

Une considération qui n'est pas indifférente pour le praticien, c'est que toutes les manœuvres d'essai que rendrait nécessaire l'ajustage des vannes, pourraient s'exécuter aussi bien avant qu'après la destruction des batardeaux circonscrivant l'enceinte d'un pertuis.

Aqueduc de prise d'eau pratiquée dans la culée. — L'aqueduc de prise d'eau pourrait être fait à ciel ouvert.

Les voûtes projetées sur ses deux extrémités n'ont pour but que de réunir les deux pieds droits et d'établir une certaine solidarité entre les diverses parties du corps de la culée. Sur le reste de sa longueur, cet aqueduc peut être recouvert par des plaques de fonte.

Les ventelles sont projetées en bois ; la seule particularité qu'elles présentent consiste dans les armatures nécessaires pour donner un bras de levier à la force de traction des chaînes et dans les contre-poids qui équilibrent, dans toutes les positions qu'elles peuvent prendre, ces ventelles réunies par leur bielle. Elles sont encadrées par un châssis en charpente qui est encastré dans les parois de l'aqueduc et sur les montants duquel sont boulonnés les colliers de leurs tourillons.

Estimation de la dépense d'un barrage. — Le prix d'un barrage n'est pas absolument indifférent dans le choix que pour une circonstance donnée, on se propose de faire de tel ou tel système.

Examinons donc la dépense approximative, par mètre courant, d'un déversoir de 2 mètres de partie mobile effective. Dans cette évaluation, nous supposons la composition de barrage figurée sur la planche jointe à cette note, bien que la construction de la partie fixe en charpente et béton, laquelle serait applicable dans bien des cas, permette une exécution plus économique.

Nous admettons, en outre, que le barrage est suivi d'un arrière-radier composé d'un tapis d'enrochements de 20 mètres de largeur avec pieux en quinconce espacés de 1ᵐ50 et une ligne de pieux demi-jointifs située à 15 mètres du vannage d'aval du radier proprement dit.

§ 1er. Dragages, charpentes de fondation et maçonneries.

Dragages 25mc00 à 1 fr. 50	37f 50
Charpente : pieux équarris 0mc43 à 110 fr. . . .	47 30
Palplanches 0mc78 à 125 fr. . . .	97 50
Moises, tasseaux et fourrures 0mc13 à 120 fr.	15 60
Pieux en grume de l'arrière-radier 1mc 18 à 85 fr.	100 30
Battage de pieux 36ml60 à 5 fr. .	183 00
id. de palplanches 5mq85 à 9 fr.	52 65
Serrurerie : boulons de moisage 3k85 à 1 fr. .	3 85
Sabots de pieux / Id. de palplanches } 18 à 3 fr. l'un	54 00
Maçonnerie de béton 20mc15 à 20 fr.	403 00
Id. de pierre de taille 2mc70 à 90 fr. . .	243 00
Taille de pierre et rejointoiements 4mq65 à 8 fr.	37 20
Enrochements 22mc50 à 5 fr.	112 50
	1387f 40

§ 2e. Partie mobile et ouvrages qui en dépendent.

Charpente des vannes conjuguées et de leur écran pour un mètre courant de barrage 1mc155 à 270 fr.	311f 85	
Charpente des seuils 0mc19 à 230 fr.	43 70	
Goudronnage à deux couches 32mq à 0f 50 c.	16 00	
Serrurerie des vannes conjuguées et de leur écran pour un mètre courant de barrage 380k à 1 fr. 40	532 00	
Boulons 222k à 1 fr.	222f 00	
A Reporter	1125f 55	1387f 40

Reports.	1125f 55	1387f 40
Rails en fer 492k à 0 fr. 70.	344 40	
Fonte 120k à 0 fr. 70	84 00	
	1553f 95	1553f 95
		2941 35
A valoir		58 65
Total par mètre courant		3000f 00

L'application du même système à des passes fermées par des parties mobiles plus élevées que celle de 2 mètres, prise ci-dessus pour type, n'entraînerait pas à des dépenses croissant, à beaucoup près, dans une certaine limite, proportionnellement à sa hauteur effective. On reconnaît, en effet, que l'arrière-radier et les vannages d'enceinte du radier seraient sensiblement les mêmes, et qu'une grande partie de la serrurerie des vannes serait peu modifiée par leur exhaussement.

Ce système de barrage, qu'il soit appliqué à un déversoir ou à une passe navigable, pourrait donc être classé parmi les plus économiques des appareils mobiles.

Quand il s'agit d'un but à atteindre dont les conséquences peuvent exercer sur la fortune publique une influence considérable, on ne doit pas, sans doute, mesurer avec une trop grande parcimonie les dépenses que peuvent occasionner les moyens d'y parvenir. Il y a cependant une limite où les sacrifices pourraient n'être plus en rapport avec les avantages à réaliser ; il n'était donc pas superflu de considérer, ne fût-ce qu'à un point de vue secondaire, la question des dépenses. Le résumé sommaire que nous venons de donner prouve que le système ci-dessus décrit peut, sous ce rapport, soutenir la comparaison avec les autres barrages mobiles connus et expérimentés.

Nous ajouterons enfin que la simplicité de sa construction permet de penser qu'il serait peu exposé à subir des accidents ou détériorations, et que son entretien se réduirait annuellement à une somme très-minime.

MEAUX. — IMPRIMERIE J. CARRO.

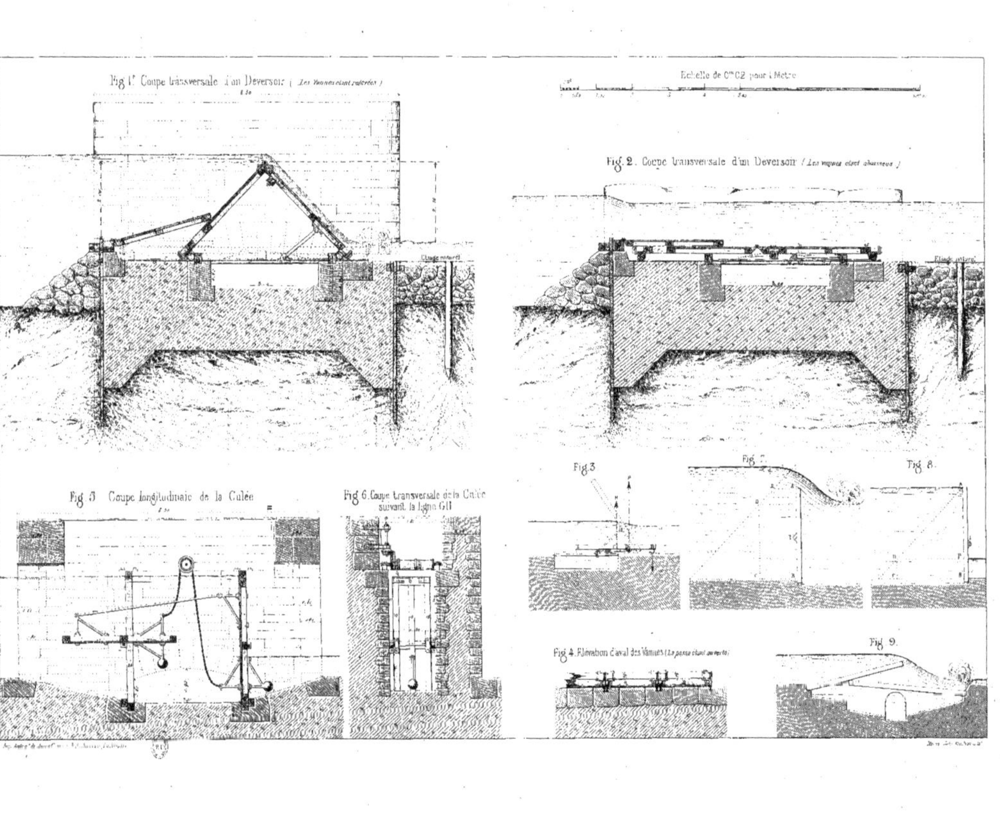

Fig 1re Coupe transversale d'un Deversoir
Echelle de 0m02 pour 1 Mètre
Fig. 2. Coupe transversale d'un Deversoir
Fig 5 Coupe longitudinale de la Culée
Fig 6. Coupe transversale de la Culée suivant la ligne GH
Fig 3
Fig 7
Fig 8
Fig 4. Elevation d'aval des Vannes
Fig 9

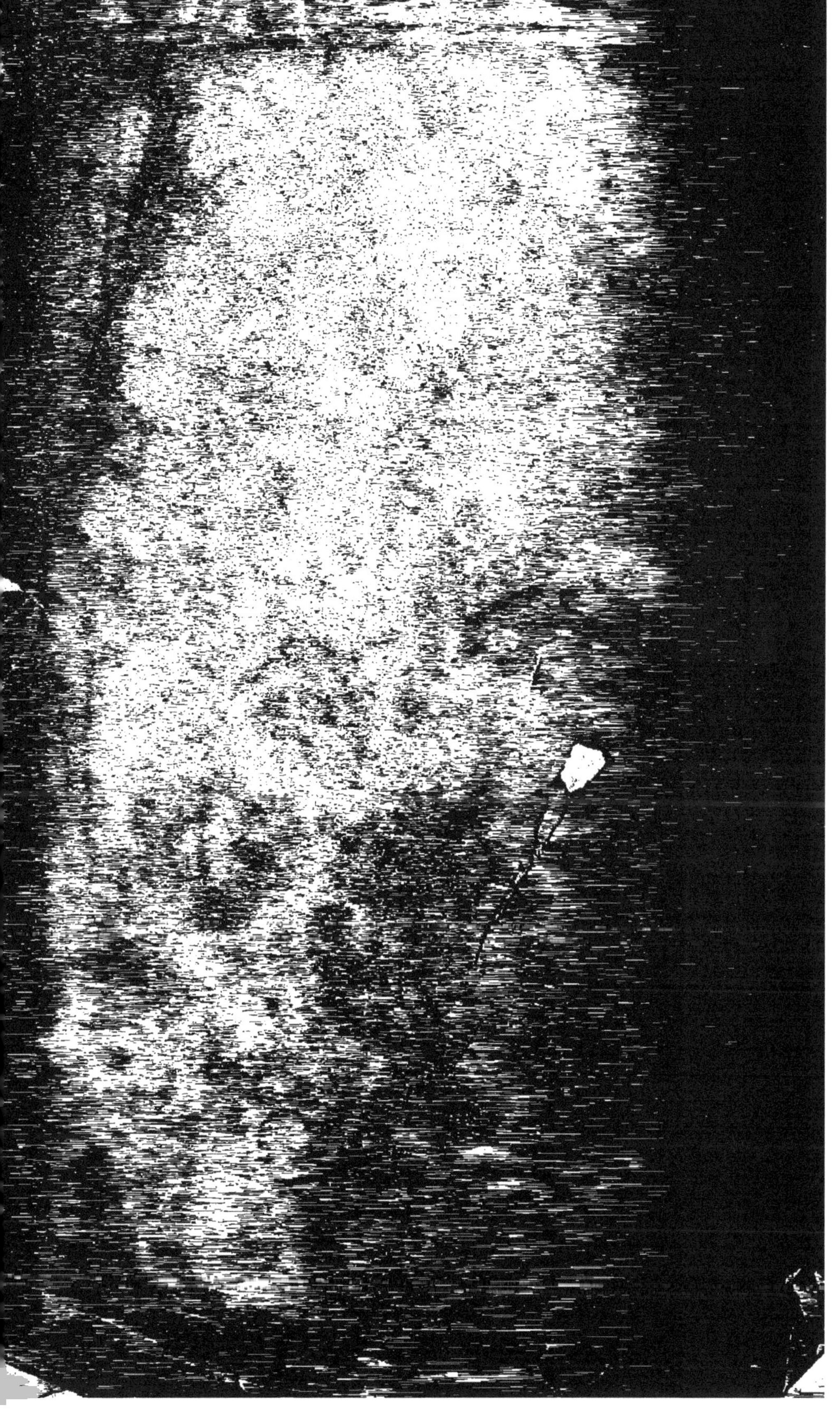

www.ingramcontent.com/pod-product-compliance
Ingram Content Group UK Ltd.
Pitfield, Milton Keynes, MK11 3LW, UK
UKHW012300240726
13966UKWH00004B/1525

9 782011 903198